〔　　月　　日〕

# 1

数量の認識

## 1〜5のとらえ方 ①

じっくりとりくみ
ましょう

分　　秒

■ 1〜5の数を，次のようにブロックの「かたまり」として
とらえましょう。

(1)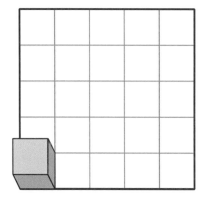

(2)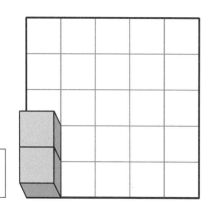

(3)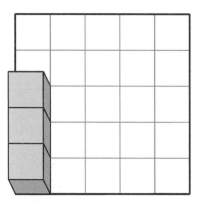

(4)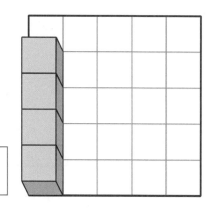

(5)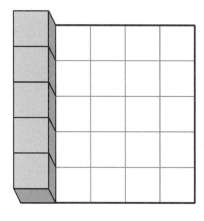

1つずつ数えるのではなく

JN112255

●保護者の方へ：数を量としてイメージするベーシックトレーニングです。

〔　月　日〕

# 2

## 1〜5のとらえ方 ②

じっくりとりくみ
ましょう

分　　秒

**Q** 次の数はいくつですか。数字を答えましょう。

(1)

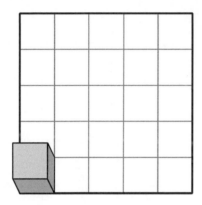

(2)

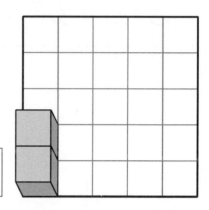

(3)

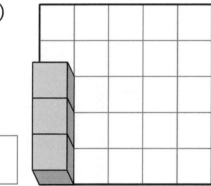

(4)

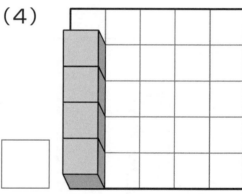

(5)

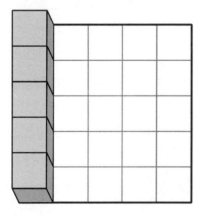

数えるのではなく
かたまりのイメージで
答えるように
しましょう。

●保護者の方へ：数を量としてイメージするベーシックトレーニングです。

# 3

## 1〜5のとらえ方 ③

じっくりとりくみ
ましょう

分 秒

**Q** 次の数はいくつですか。数字を答えましょう。

(1)

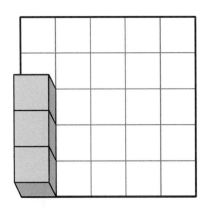

(2)

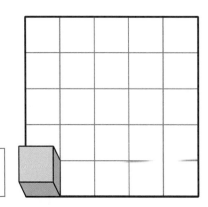

(3)

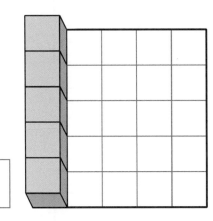

(4)

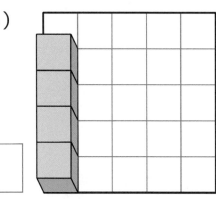

(5)

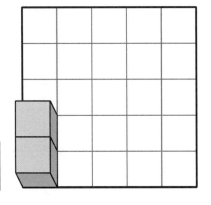

かたまりのイメージで
答えましょう。

●保護者の方へ：数を量としてイメージするベーシックトレーニングです。

# 4

数量の認識

## 1〜10のとらえ方 ①

じっくりとりくみ
ましょう

分　　秒

■ （1)〜(4) の数を，次のようにブロックの「かたまり」とし
てとらえましょう。

（1）

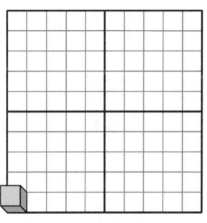

1

（2）

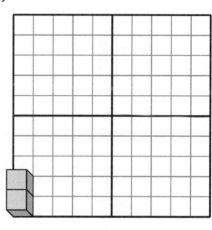

2

（3）

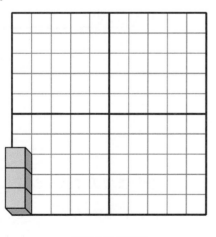

3

（4）

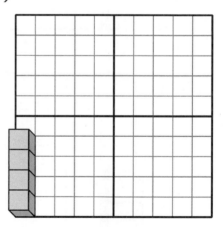

4

●保護者の方へ：数を量としてイメージするベーシックトレーニングです。

〔　　月　　日〕

# 5

<ruby>数量<rt>すうりょう</rt></ruby>の<ruby>認識<rt>にんしき</rt></ruby>

## 1 ～ 10 のとらえ<ruby>方<rt>かた</rt></ruby>②

じっくりとりくみ
ましょう

分　　　秒

■ （1）～（4）の<ruby>数<rt>かず</rt></ruby>を，<ruby>次<rt>つぎ</rt></ruby>のようにブロックの「かたまり」とし
てとらえましょう。

（1）

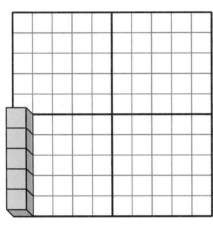

5

（2）

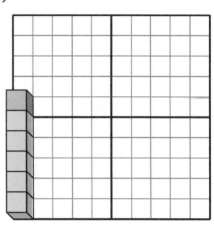

6

（3）

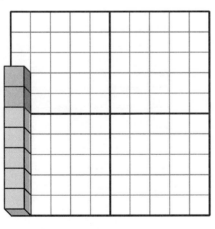

7

（4）

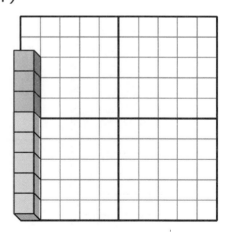

8

●保護者の方へ：数を量としてイメージするベーシックトレーニングです。

〔　　月　　日〕

# 6

数量の認識

## 1〜10のとらえ方 ③

じっくりとりくみ
ましょう

分　　　秒

■　（1）〜（4）の数を，次のようにブロックの「かたまり」として
　　とらえましょう。

（1）

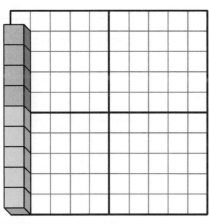

9

（2）

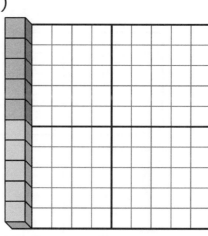

10

→ステップアップ→

（3）

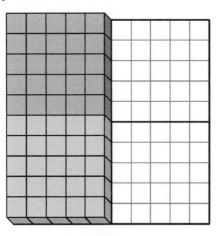

50

（4）

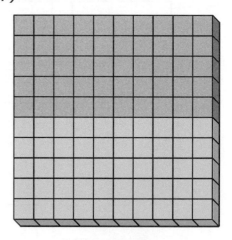

100

●保護者の方へ：数を量としてイメージするベーシックトレーニングです。

〔　　月　　日〕

# 7

数量の認識

## 1～10のとらえ方 ④

じっくりとりくみ
ましょう

分　　　秒

**Q** 次の数はいくつですか。数字を答えましょう。

（1）

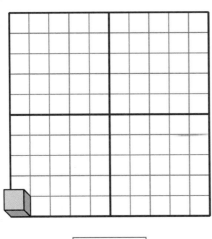

（2）

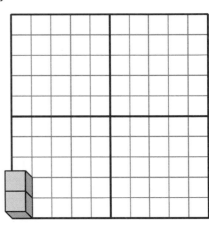

（3）

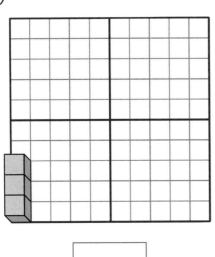

（4）

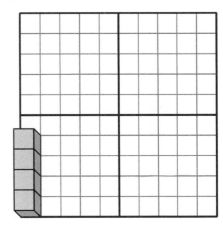

●保護者の方へ：数を量としてイメージするベーシックトレーニングです。

〔　　月　　日〕

# 8

## 1〜10のとらえ方 ⑤

じっくりとりくみ
ましょう

分　　秒

**Q** 次の数はいくつですか。数字を答えましょう。

(1)

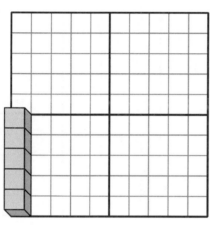

(2)

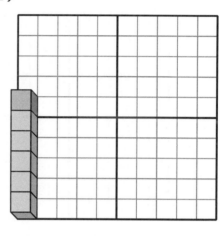

(3)

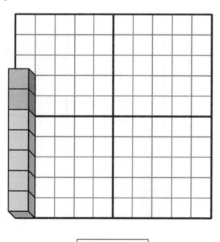

(4)

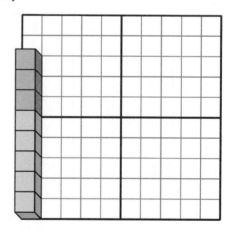

●保護者の方へ：数を量としてイメージするベーシックトレーニングです。

# 9

## 数量の認識
### 1〜10のとらえ方 ⑥

**Q** 次の数はいくつですか。数字を答えましょう。

（1）

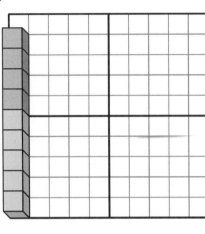

（2）

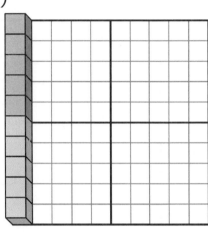

◆ステップアップ→

（3）

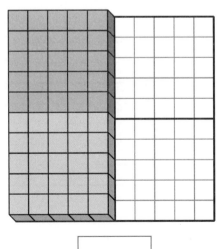

（4）

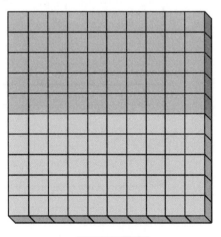

●保護者の方へ：数を量としてイメージするベーシックトレーニングです。

〔　　月　　日〕

# 10

## 数量の認識 <ruby>数量<rt>すうりょう</rt></ruby>の<ruby>認識<rt>にんしき</rt></ruby>

# 1〜10のとらえ方⑦

じっくりとりくみ
ましょう

分　　　秒

**Q** <ruby>次<rt>つぎ</rt></ruby>の<ruby>数<rt>かず</rt></ruby>はいくつですか。<ruby>数字<rt>すうじ</rt></ruby>を<ruby>答<rt>こた</rt></ruby>えましょう。

（1）

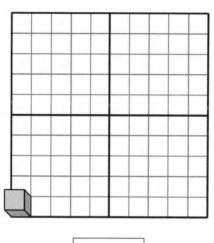

（2）

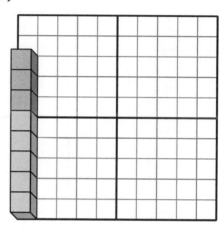

（3）

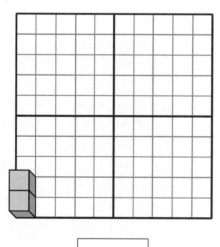

（4）

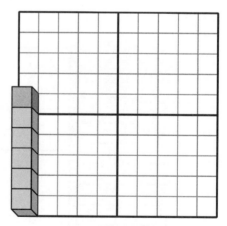

●保護者の方へ：数を量としてイメージするベーシックトレーニングです。

〔　　　月　　　日〕

# 11

数量の認識

## 1～10 のとらえ方 ⑧

じっくりとりくみ
ましょう

分　　　秒

**Q** 次の数はいくつですか。数字を答えましょう。

（1）

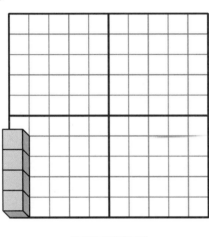

（2）

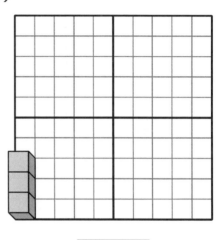

（3）

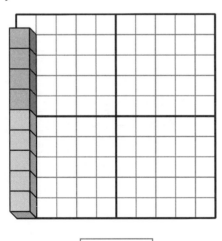

（4）

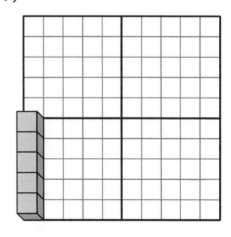

●保護者の方へ：数を量としてイメージするベーシックトレーニングです。

〔　　月　　日〕

# 12

数量の認識

## 1〜10のとらえ方 ⑨

じっくりとりくみ
ましょう

分　　　秒

**Q** 次の数はいくつですか。数字を答えましょう。

(1)

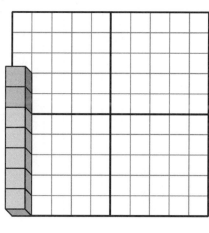

(2)

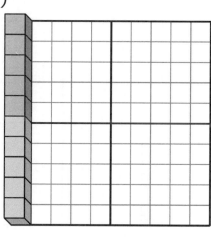

→ステップアップ→

(3)

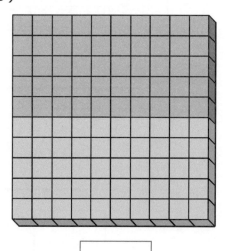

(4)

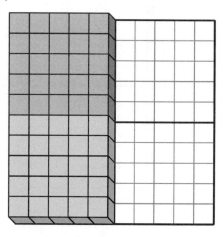

●保護者の方へ：数を量としてイメージするベーシックトレーニングです。

〔　月　　日〕

# 13 数の合成・分解 I

じっくりとりくみ
ましょう

分　　秒

**Q** 次の２つの数を合わせるといくつになりますか。
ブロックを頭の中でイメージしながら，分解したり移動させ
たり合成したり（くっつけたり）して考えましょう。

（1）
2つをたしたら  個

（2）
2つをたしたら  個

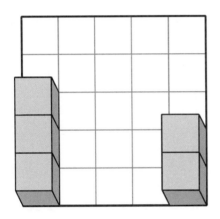

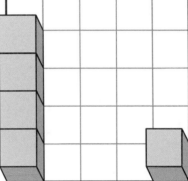

（3）
2つをたしたら  個

（4）
2つをたしたら  個

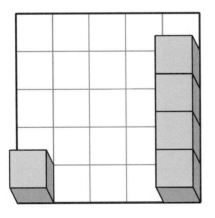

●保護者の方へ：数をイメージしやすいかたまりをつくるベーシックトレーニングです。

# 14 数の合成・分解 I

じっくりとりくみ
ましょう

分　　秒

**Q** 次の２つの数を合わせるといくつになりますか。
ブロックを頭の中でイメージしながら，分解したり移動させ
たり合成したり（くっつけたり）して考えましょう。

(1)
２つをたしたら □ 個

(2)
２つをたしたら □ 個

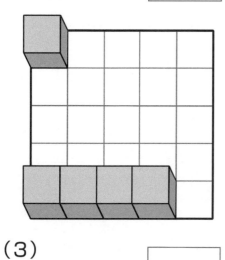

(3)
２つをたしたら □ 個

(4)
２つをたしたら □ 個

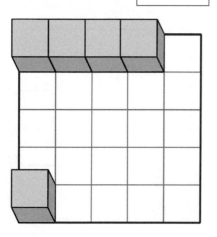
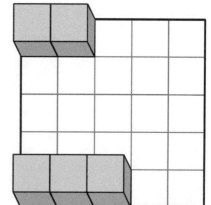

●保護者の方へ：数をイメージしやすいかたまりをつくるベーシックトレーニングです。

# 15 数の合成・分解 I

じっくりとりくみ
ましょう

分　　秒

**Q** 次の2つの数を合わせるといくつになりますか。
ブロックを頭の中でイメージしながら，分解したり移動させ
たり合成したり（くっつけたり）して考えましょう。

（1）
2つをたしたら  個

（2）
2つをたしたら  個

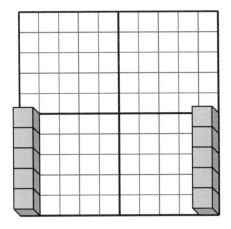

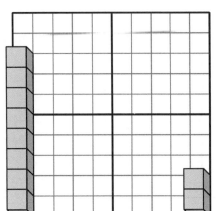

（3）
2つをたしたら  個

（4）
2つをたしたら  個

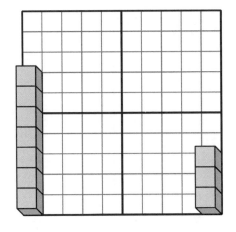

●保護者の方へ：数をイメージしやすいかたまりをつくるベーシックトレーニングです。

〔　月　日〕

# 16 数の合成・分解Ⅰ

じっくりとりくみましょう

分　秒

**Q** 次の2つの数を合わせるといくつになりますか。
ブロックを頭の中でイメージしながら，分解したり移動させたり合成したり（くっつけたり）して考えましょう。

(1)
2つをたしたら ⬜ 個

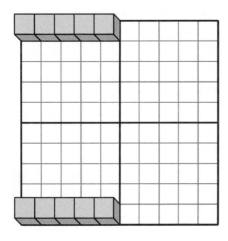

(2)
2つをたしたら ⬜ 個

(3)
2つをたしたら ⬜ 個

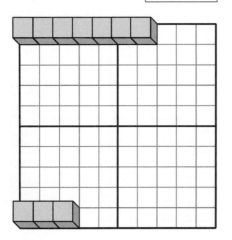

(4)
2つをたしたら ⬜ 個

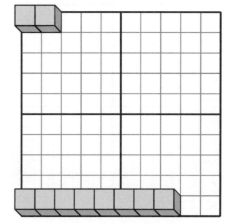

●保護者の方へ：数をイメージしやすいかたまりをつくるベーシックトレーニングです。

〔　月　日〕

# 17 数の合成・分解 Ⅱ

**Q** 次の２つの数を合わせるといくつになりますか。
ブロックを頭の中でイメージしながら，分解したり移動させたり合成したり（くっつけたり）して考えましょう。

（1）
　２つをたしたら  個

（2）
　２つをたしたら  個

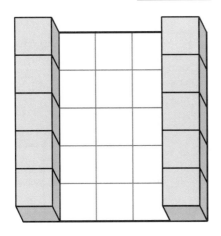

（3）
　２つをたしたら  個

（4）
　２つをたしたら  個

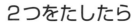

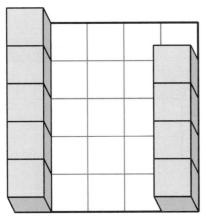

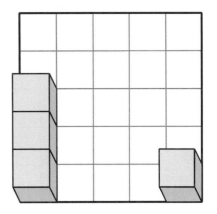

●保護者の方へ：数をイメージしやすいかたまりをつくるベーシックトレーニングです。

〔  月  日〕

# 18 数の合成・分解Ⅱ

じっくりとりくみ
ましょう

分  秒

**Q** 次の2つの数を合わせるといくつになりますか。
ブロックを頭の中でイメージしながら，分解したり移動させ
たり合成したり（くっつけたり）して考えましょう。

（1）
2つをたしたら  個

（2）
2つをたしたら  個

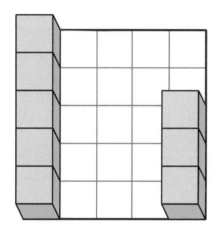

（3）
2つをたしたら  個

（4）
2つをたしたら  個

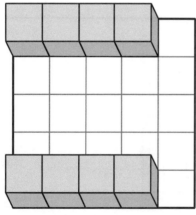

●保護者の方へ：数をイメージしやすいかたまりをつくるベーシックトレーニングです。

# 19 数の合成・分解Ⅲ

**Q** 次の数をひくといくつになりますか。
ブロックを頭の中でイメージしながら，移動させたり分解したり（はなしたり）して考えましょう。

（1）
2をひいたら □ 個

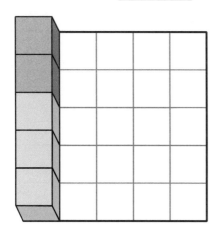

（2）
4をひいたら □ 個

（3）
1をひいたら □ 個

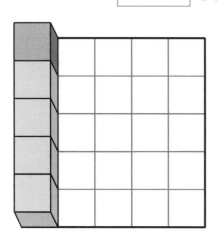

（4）
3をひいたら □ 個

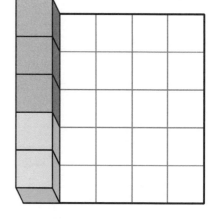

●保護者の方へ：数をイメージしやすいかたまりをつくるトレーニングです。

〔　　月　　日〕

# 20 数の合成・分解Ⅲ

じっくりとりくみ
ましょう

分　　秒

**Q** 次の数をひくといくつになりますか。
ブロックを頭の中でイメージしながら，移動させたり分解したり（はなしたり）して考えましょう。

**（1）**
3をひいたら  個

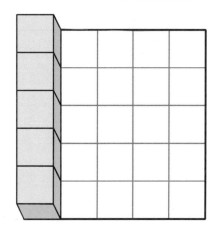

**（2）**
2をひいたら  個

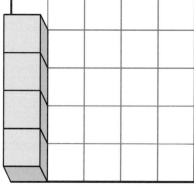

**（3）**
3をひいたら  個

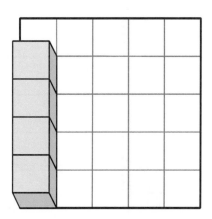

**（4）**
4をひいたら ☐ 個

●保護者の方へ：数をイメージしやすいかたまりをつくるトレーニングです。

# 21 数の合成・分解Ⅲ

**Q** 次の数をひくといくつになりますか。
ブロックを頭の中でイメージしながら, 移動させたり分解したり（はなしたり）して考えましょう。

(1)
5をひいたら  個

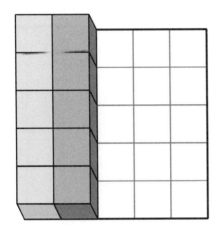

(2)
3をひいたら  個

(3)
6をひいたら  個

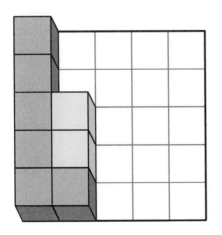

(4)
7をひいたら  個

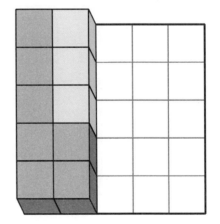

●保護者の方へ：数をイメージしやすいかたまりをつくるトレーニングです。

〔　　月　　日〕

# 22 数の合成・分解Ⅲ

じっくりとりくみ
ましょう

分　　秒

**Q** 次の数をひくといくつになりますか。
　ブロックを頭の中でイメージしながら，移動させたり分解したり（はなしたり）して考えましょう。

（1）
5をひいたら  個

（2）
3をひいたら  個

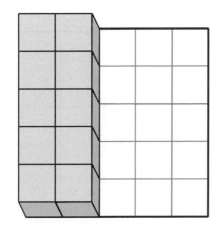

（3）
6をひいたら  個

（4）
7をひいたら 個

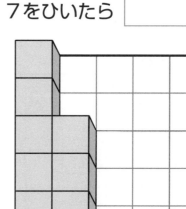
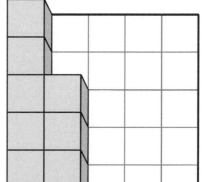

〔　月　日〕

# 23

分数感覚 I　考え方

じっくりとりくみ
ましょう

分　秒

■ 3つに分けたうちの1つ分を色で表すと次のようになります。

（これを $\frac{1}{3}$ 『さんぶんのいち』といいます。）

また，以下のような場合も同じように全体を3つに分けたうちの1つ分として考えることができます。

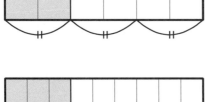

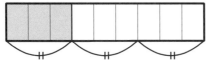

数えるのではなく
色の部分を頭の中で
かたまりとしてイメージ
しましょう。

●保護者の方へ：分数をイメージでつかむベーシックトレーニングです。

〔　　月　　日〕

# 24 分数感覚Ⅰ

ぶんすうかんかく

じっくりとりくみましょう

分　　秒

**Q A　あてはまる部分に斜線をひきましょう。**

（1）　4つに分けたうちの

1つ分（$\frac{1}{4}$ といいます）

（2）　8つに分けたうちの

2つ分（$\frac{2}{8}$ といいます）

（3）　4つに分けたうちの

1つ分（$\frac{1}{4}$ といいます）

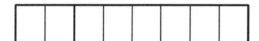

（4）　16こに分けたうちの

4つ分（$\frac{4}{16}$ といいます）

**Q B　あてはまる部分に斜線をひきましょう。**

（1）　3つに分けたうちの

1つ分（$\frac{1}{3}$ といいます）

（2）　6つに分けたうちの

2つ分（$\frac{2}{6}$ といいます）

（3）　3つに分けたうちの

1つ分（$\frac{1}{3}$ といいます）

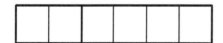

（4）　9つに分けたうちの

3つ分（$\frac{3}{9}$ といいます）

●保護者の方へ：分数をイメージでつかむベーシックトレーニングです。

〔　　月　　日〕

# 25 分数感覚 I

じっくりとりくみ
ましょう

分　　　秒

## QA　あてはまる部分に斜線をひきましょう。

（1）　4つに分けたうちの

2つ分（$\frac{2}{4}$ といいます）

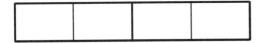

（2）　8つに分けたうちの

4つ分（$\frac{4}{8}$ といいます）

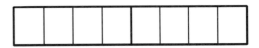

（3）　4つに分けたうちの

2つ分（$\frac{2}{4}$ といいます）

（4）　16こに分けたうちの

8つ分（$\frac{8}{16}$ といいます）

## QB　あてはまる部分に斜線をひきましょう。

（1）　3つに分けたうちの

2つ分（$\frac{2}{3}$ といいます）

（2）　6つに分けたうちの

4つ分（$\frac{4}{6}$ といいます）

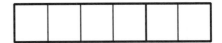

（3）　3つに分けたうちの

2つ分（$\frac{2}{3}$ といいます）

（4）　9つに分けたうちの

6つ分（$\frac{6}{9}$ といいます）

●保護者の方へ：分数をイメージでつかむベーシックトレーニングです。

〔　　月　　日〕

# 26 分数感覚Ⅰ

じっくりとりくみ
ましょう

分　　秒

**Q A** あてはまる部分に斜線をひきましょう。

（1）　4つに分けたうちの
　　　3つ分（$\frac{3}{4}$ といいます）

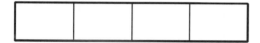

（2）　4つに分けたうちの
　　　1つ分（$\frac{1}{4}$ といいます）

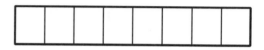

（3）　2つに分けたうちの
　　　1つ分（$\frac{1}{2}$ といいます）

（4）　4つに分けたうちの
　　　3つ分（$\frac{3}{4}$ といいます）

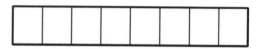

**Q B** あてはまる部分に斜線をひきましょう。

（1）　3つに分けたうちの
　　　2つ分（$\frac{2}{3}$ といいます）

（2）　3つに分けたうちの
　　　2つ分（$\frac{2}{3}$ といいます）

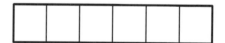

（3）　3つに分けたうちの
　　　1つ分（$\frac{1}{3}$ といいます）

（4）　3つに分けたうちの
　　　1つ分（$\frac{1}{3}$ といいます）

●保護者の方へ：分数をイメージでつかむベーシックトレーニングです。

〔　　月　　日〕

# 27

分数感覚Ⅱ　考え方
（ぶんすうかんかく）（かんがえかた）

じっくりとりくみ
ましょう

分　　　秒

■　4つに分けたうちの1つ分を色で表すと次のようになります。

（これを $\frac{1}{4}$ 『よんぶんのいち』といいます。）

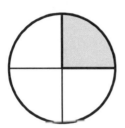

また，以下のような場合も同じように全体を4つに分けたうちの1つ分として考えることができます。

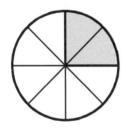

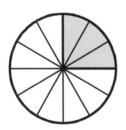

数えるのではなく
色の部分を頭の中で
かたまりとしてイメージ
しましょう。

●保護者の方へ：分数をイメージでつかむトレーニングです。

# 28 分数感覚Ⅱ

ぶんすうかんかく

〔　月　日〕

じっくりとりくみ
ましょう

分　秒

## Q A　あてはまる部分に斜線をひきましょう。

（1）　2つに分けたうちの

1つ分（$\frac{1}{2}$ といいます）

（2）　4つに分けたうちの

2つ分（$\frac{2}{4}$ といいます）

（3）　8つに分けたうちの

4つ分（$\frac{4}{8}$ といいます）

（4）　4つに分けたうちの

2つ分（$\frac{2}{4}$ といいます）

## Q B　あてはまる部分に斜線をひきましょう。

（1）　4つに分けたうちの

3つ分（$\frac{3}{4}$ といいます）

（2）　8つに分けたうちの

6つ分（$\frac{6}{8}$ といいます）

（3）　4つに分けたうちの

3つ分（$\frac{3}{4}$ といいます）

（4）　4つに分けたうちの

1つ分（$\frac{1}{4}$ といいます）

●保護者の方へ：分数をイメージでつかむトレーニングです。

# 29 分数感覚Ⅱ

ぶんすうかんかく

**QA** あてはまる部分に斜線をひきましょう。
ぶぶん　　しゃせん

（1）　3つに分けたうちの
　　　　　　わ

　　　1つ分（$\frac{1}{3}$ といいます）
　　　ぶん

（2）　6つに分けたうちの

　　　2つ分（$\frac{2}{6}$ といいます）

（3）　3つに分けたうちの

　　　1つ分（$\frac{1}{3}$ といいます）

（4）　2つに分けたうちの

　　　1つ分（$\frac{1}{2}$ といいます）

**QB** あてはまる部分に斜線をひきましょう。

（1）　4つに分けたうちの

　　　3つ分（$\frac{3}{4}$ といいます）

（2）　8つに分けたうちの

　　　5つ分（$\frac{5}{8}$ といいます）

（3）　4つに分けたうちの

　　　1つ分（$\frac{1}{4}$ といいます）

（4）　4つに分けたうちの

　　　2つ分（$\frac{2}{4}$ といいます）

●保護者の方へ：分数をイメージでつかむトレーニングです。

# 30 分数感覚Ⅱ

ぶんすうかんかく

## QA　あてはまる部分に斜線をひきましょう。

（1）　2つに分けたうちの

1つ分（$\frac{1}{2}$ といいます）

（2）　6つに分けたうちの

3つ分（$\frac{3}{6}$ といいます）

（3）　4つに分けたうちの

3つ分（$\frac{3}{4}$ といいます）

（4）　4つに分けたうちの

1つ分（$\frac{1}{4}$ といいます）

## QB　あてはまる部分に斜線をひきましょう。

（1）　3つに分けたうちの

2つ分（$\frac{2}{3}$ といいます）

（2）　6つに分けたうちの

4つ分（$\frac{4}{6}$ といいます）

（3）　8つに分けたうちの

5つ分（$\frac{5}{8}$ といいます）

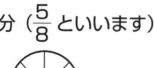

（4）　6つに分けたうちの

6つ分（$\frac{6}{6}$ といいます）

●保護者の方へ：分数をイメージでつかむトレーニングです。

# 31

## 数量の認識
### 1～100のとらえ方 ①

■　（1）～（4）の数を，次のようにブロックの「かたまり」とし
　てとらえましょう。

(1)

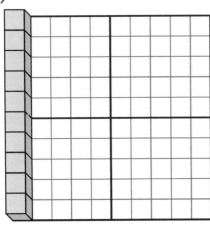

10

(2)

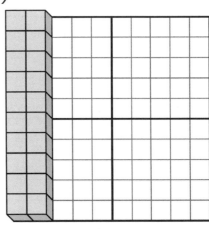

20

(3)

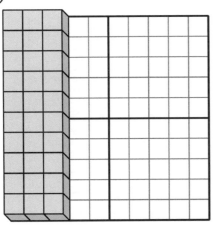

30

(4)

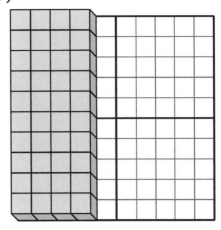

40

●保護者の方へ：数を量としてイメージするトレーニングです。

〔　　月　　日〕

# 32

数量の認識

## 1〜100 のとらえ方 ②

じっくりとりくみ
ましょう

分　　秒

■　（1）〜（4）の数を，次のようにブロックの「かたまり」とし
てとらえましょう。

（1）

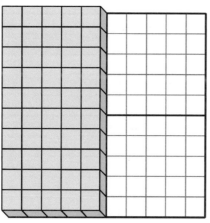

50

（2）

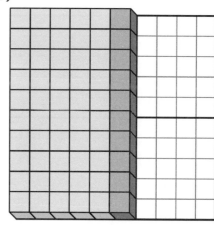

60

（3）

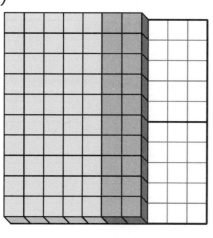

70

（4）

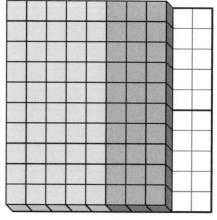

80

●保護者の方へ：数を量としてイメージするトレーニングです。

# 33

数量の認識

# 1〜100のとらえ方 ③

■　（1）〜（4）の数を，次のようにブロックの「かたまり」とし
てとらえましょう。

（1）

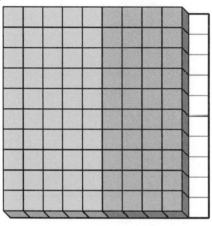

90

（2）

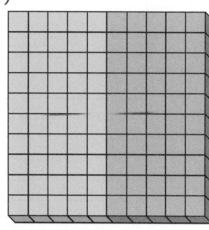

100

→ ステップアップ →

（3）

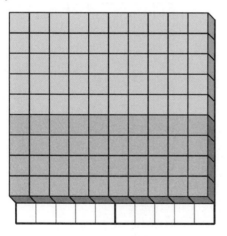

90

（4）

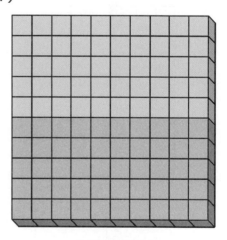

100

●保護者の方へ：数を量としてイメージするトレーニングです。

〔　　月　　日〕

# 34

数量の認識

## 1～100のとらえ方 ④

じっくりとりくみ
ましょう

分　　秒

**Q** 次の数はいくつですか。数字を答えましょう。

(1)

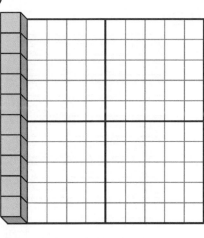

(2)

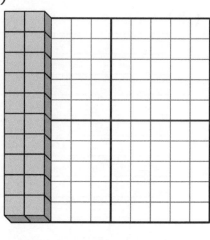

(3)

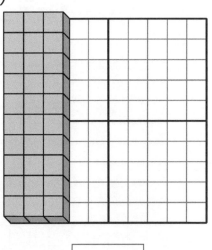

(4)

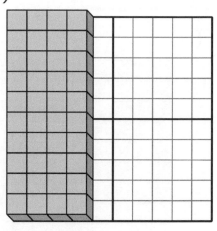

●保護者の方へ：数を量としてイメージするトレーニングです。

〔 月 日〕

# 35

数量の認識

## 1～100 のとらえ方 ⑤

じっくりとりくみましょう

分 秒

**Q** 次の数はいくつですか。数字を答えましょう。

（1）

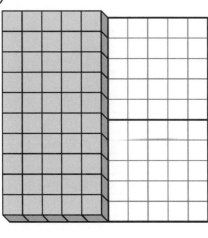

（2）

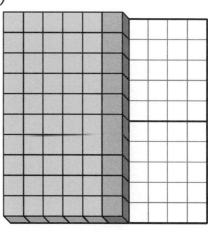

（3）

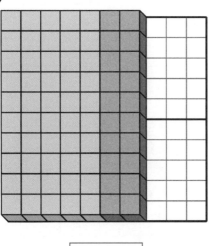

（4）

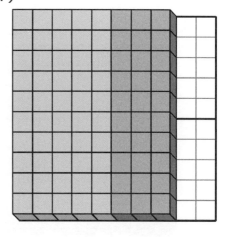

●保護者の方へ：数を量としてイメージするトレーニングです。

〔　月　日〕

# 36

数量の認識

## 1〜100のとらえ方 ⑥

じっくりとりくみ
ましょう

分　　秒

**Q** 次の数はいくつですか。数字を答えましょう。

（1）

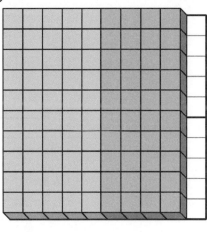

（2）

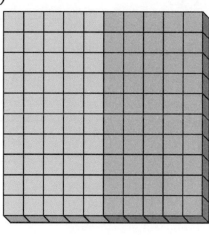

→ ステップアップ →

（3）

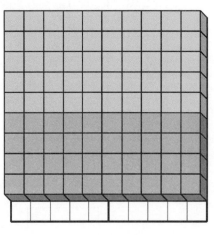

（4）

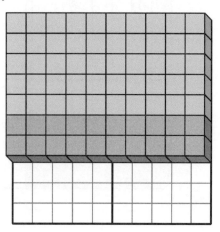

●保護者の方へ：数を量としてイメージするトレーニングです。

37

数量の認識

# 1〜100のとらえ方⑦

じっくりとりくみ
ましょう

分　　秒

**Q** 次の数はいくつですか。数字を答えましょう。

(1)

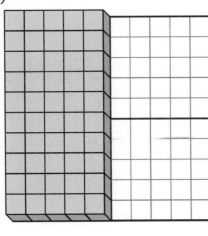

(2)

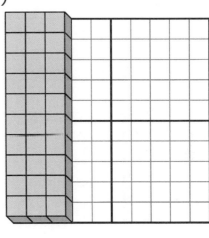

(3)

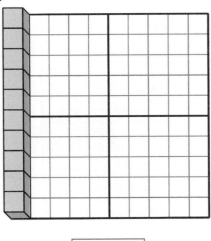

(4)

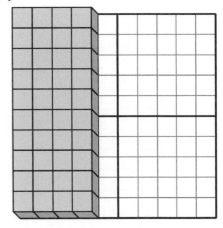

●保護者の方へ：数を量としてイメージするトレーニングです。

# 38 数量の認識

## 1〜100のとらえ方 ⑧

**Q** 次の数はいくつですか。数字を答えましょう。

(1)

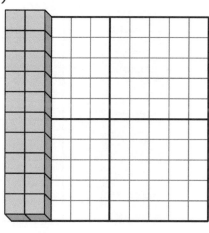

[　　　]

(2)

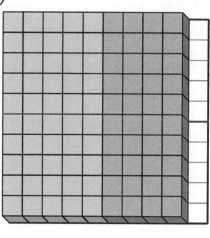

[　　　]

(3)

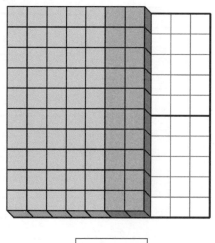

[　　　]

(4)

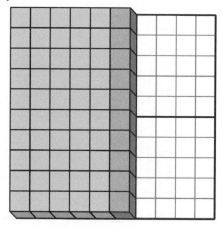

[　　　]

# 39

数量の認識

## 1〜100のとらえ方 ⑨

**Q** 次の数はいくつですか。数字を答えましょう。

（1）

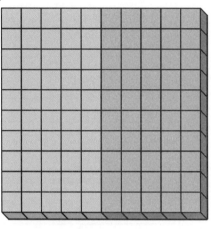

（2）

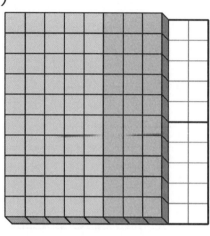

→ステップアップ→

（3）

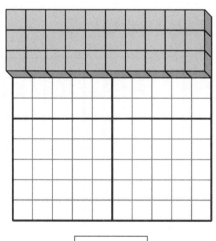

（4）

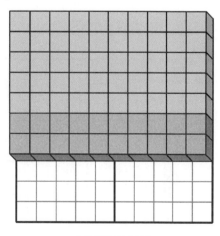

〔　月　日〕

# 40 数の合成・分解 Ⅰ

**Q** 次の2つの数を合わせるといくつになりますか。
ブロックを頭の中でイメージしながら，分解したり移動させ
たり合成したり（くっつけたり）して考えましょう。

（1）
2つをたしたら ☐ 個

（2）
2つをたしたら ☐ 個

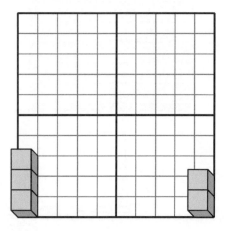

（3）
2つをたしたら ☐ 個

（4）
2つをたしたら ☐ 個

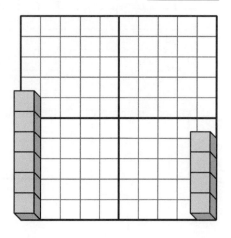

●保護者の方へ：数をイメージしやすいかたまりをつくるトレーニングです。

〔 　月　　日〕

# 41 数の合成・分解Ⅰ

**Q** 次の2つの数を合わせるといくつになりますか。
ブロックを頭の中でイメージしながら，分解したり移動させ
たり合成したり（くっつけたり）して考えましょう。

（1）
2つをたしたら  個

（2）
2つをたしたら  個

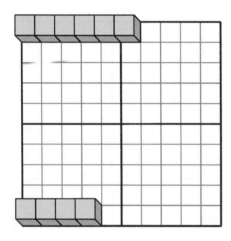

（3）
2つをたしたら 個

（4）
2つをたしたら 個

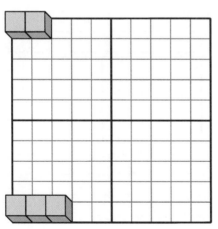

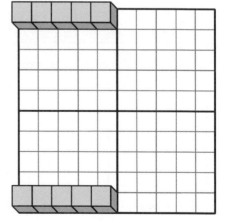

# 42 数の合成・分解 I

**Q** 次の2つの数を合わせるといくつになりますか。
ブロックを頭の中でイメージしながら，分解したり移動させ
たり合成したり（くっつけたり）して考えましょう。

（1）
2つをたしたら  個

（2）
2つをたしたら  個

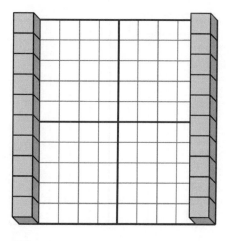

（3）
2つをたしたら  個

（4）
2つをたしたら  個

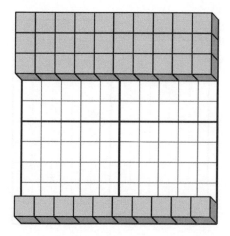

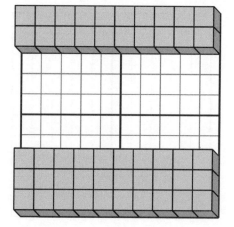

●保護者の方へ：数をイメージしやすいかたまりをつくるトレーニングです。

# 43 数の合成・分解Ⅰ

**Q** 次の2つの数を合わせるといくつになりますか。
ブロックを頭の中でイメージしながら，分解したり移動させ
たり合成したり（くっつけたり）して考えましょう。

（1）
2つをたしたら 　　　　 個

（2）
2つをたしたら 　　　　 個

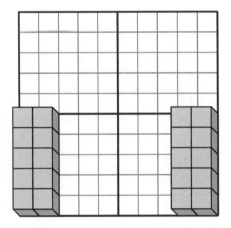

（3）
2つをたしたら 　　　　 個

（4）
2つをたしたら 　　　　 個

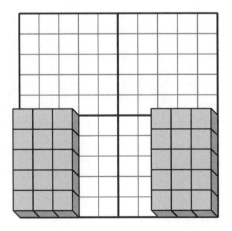

●保護者の方へ：数をイメージしやすいかたまりをつくるトレーニングです。

# 44 数の合成・分解Ⅰ

かず　ごうせい　ぶんかい

じっくりとりくみ
ましょう

分　　秒

**Q** 次の2つの数を合わせるといくつになりますか。
ブロックを頭の中でイメージしながら, 分解したり移動させ
たり合成したり（くっつけたり）して考えましょう。

（1）
2つをたしたら  個

（2）
2つをたしたら  個

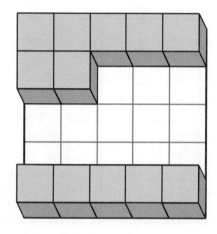

（3）
2つをたしたら  個

（4）
2つをたしたら  個

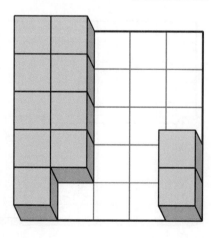

●保護者の方へ：数をイメージしやすいかたまりをつくるトレーニングです。

〔　　月　　日〕

# 45 数の合成・分解Ⅱ

**Q** 次の答えを暗算で求めましょう。

なお，すべて頭の中で考えましょう。（計算もできるだけ暗算でしましょう。）答えをまちがえた場合やわからない場合のみ，図やメモをかいて考えましょう。

（1）

6をたしたら □ 個

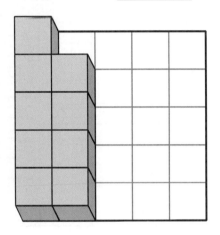

（2）

8をたしたら □ 個

（3）

7をたしたら □ 個

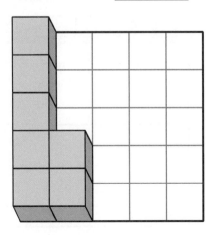

（4）

9をたしたら □ 個

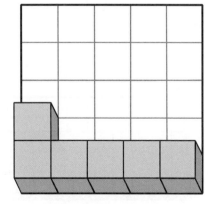

●保護者の方へ：ブロックの移動で答えをイメージできるようにするトレーニングです。

# 46 数の合成・分解 Ⅱ

**Q** 次の答えを暗算で求めましょう。

なお，すべて頭の中で考えましょう。（計算もできるだけ暗算でしましょう。）答えをまちがえた場合やわからない場合のみ，図やメモをかいて考えましょう。

（1）
20 をたしたら ☐ 個

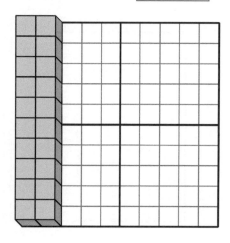

（2）
30 をたしたら ☐ 個

（3）
10 をたしたら ☐ 個

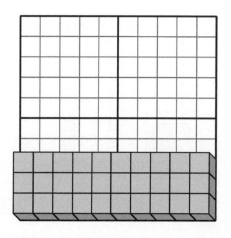

（4）
40 をたしたら ☐ 個

●保護者の方へ：ブロックの移動で答えをイメージできるようにするトレーニングです。

〔　　月　　日〕

# 47 数の合成・分解Ⅱ

かず　ごうせい　ぶんかい

じっくりとりくみ
ましょう

分　　秒

**Q** 次の答えを暗算で求めましょう。
あんざん　もと

なお，すべて頭の中で考えましょう。（計算もできるだけ暗算
あたま　なか　かんが　　けいさん

でしましょう。）答えをまちがえた場合やわからない場合のみ，
こた　ば あい

図やメモをかいて考えましょう。
ず

(1)
18 をたしたら □ 個
こ

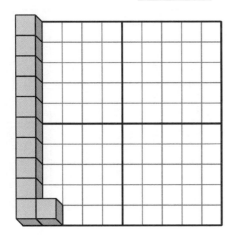

(2)
14 をたしたら □ 個

(3)
26 をたしたら □ 個

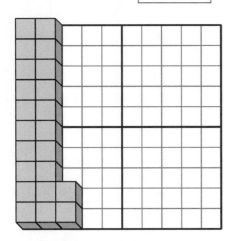

(4)
9をたしたら □ 個

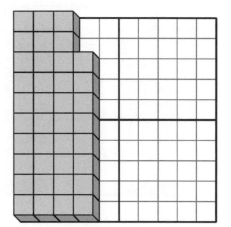

●保護者の方へ：ブロックの移動で答えをイメージできるようにするトレーニングです。

〔　　月　　日〕

# 48 数の合成・分解Ⅲ

じっくりとりくみ
ましょう

分　　秒

**Q** どちらのブロックの方が，どれだけ多いですか。A・Bに○
をつけ，数を答えましょう。
ブロックを頭の中でイメージしながら，移動させたり分解し
たり（はなしたり）して考えましょう。

（1）
A・Bの方が  個多い

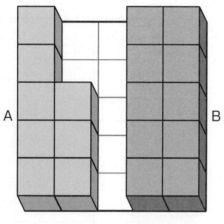

（2）
A・Bの方が  個多い

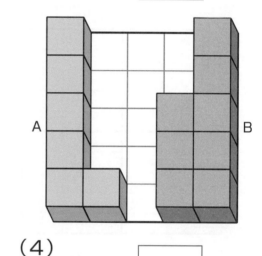

（3）
A・Bの方が  個多い

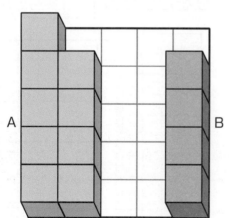

（4）
A・Bの方が  個多い

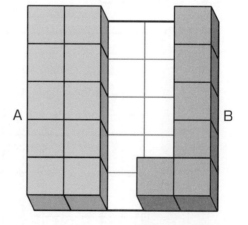

●保護者の方へ：ブロックの移動で答えをイメージできるようにするトレーニングです。

〔　月　日〕

# 49 数の合成・分解Ⅲ

じっくりとりくみ
ましょう

分　　秒

Ｑ どちらのブロックの方が，どれだけ多いですか。Ａ・Ｂに○
をつけ，数を答えましょう。

ブロックを頭の中でイメージしながら，移動させたり分解し
たり（はなしたり）して考えましょう。

（1）

Ａ・Ｂの方が □ 個多い

（2）

Ａ・Ｂの方が □ 個多い

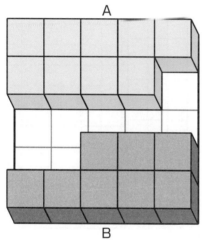

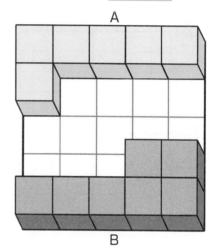

（3）

Ａ・Ｂの方が □ 個多い

（4）

Ａ・Ｂの方が □ 個多い

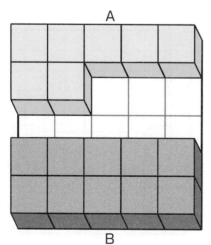

●保護者の方へ：ブロックの移動で答えをイメージできるようにするトレーニングです。

# 50

**数量感覚Ⅰ　量感計算**
<ruby>数量感覚<rt>すうりょうかんかく</rt></ruby>　<ruby>量感計算<rt>りょうかんけいさん</rt></ruby>

じっくりとりくみ
ましょう

分　　　秒

**Q** 次の答えを暗算で求めましょう。
<ruby>次<rt>つぎ</rt></ruby>の<ruby>答<rt>こた</rt></ruby>えを<ruby>暗算<rt>あんざん</rt></ruby>で<ruby>求<rt>もと</rt></ruby>めましょう。

なお，すべて頭の中で考えましょう。（計算もできるだけ暗算
でしましょう。）答えをまちがえた場合やわからない場合のみ，
図やメモをかいて考えましょう。

（1）
　2つをたしたら　[　　　]個

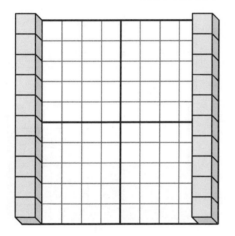

（2）
　2つをたしたら　[　　　]個

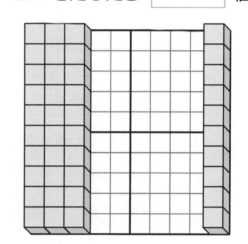

（3）
　2つをたしたら　[　　　]個

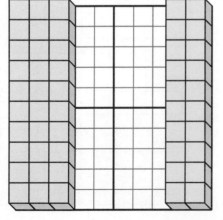

（4）
　2つをたしたら　[　　　]個

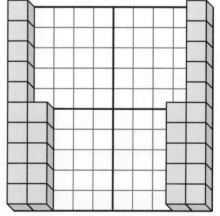

●保護者の方へ：ブロックの移動で答えをイメージできるようにするトレーニングです。

# 51 数量感覚Ⅰ 量感計算

**Q** 次の答えを暗算で求めましょう。

なお，すべて頭の中で考えましょう。（計算もできるだけ暗算でしましょう。）答えをまちがえた場合やわからない場合のみ，図やメモをかいて考えましょう。

（1）

2つをたしたら  個

（2）

2つをたしたら  個

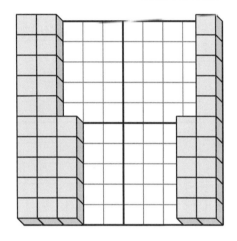

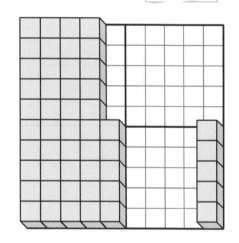

（3）

2つをたしたら  個

（4）

2つをたしたら 個

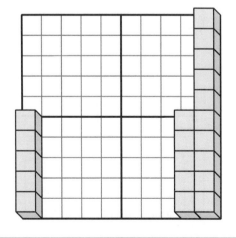

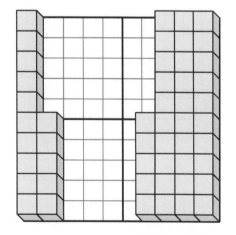

●保護者の方へ：ブロックの移動で答えをイメージできるようにするトレーニングです。

# 52 数量感覚Ⅰ 量感計算

じっくりとりくみましょう

分　秒

**Q** 次の答えを暗算で求めましょう。
なお，すべて頭の中で考えましょう。（計算もできるだけ暗算でしましょう。）答えをまちがえた場合やわからない場合のみ，図やメモをかいて考えましょう。

（1）
2つをたしたら  個

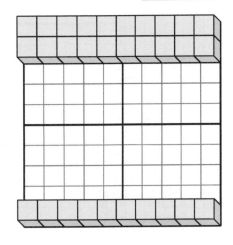

（2）
2つをたしたら 個

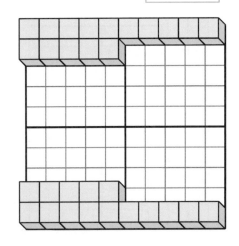

（3）
2つをたしたら  個

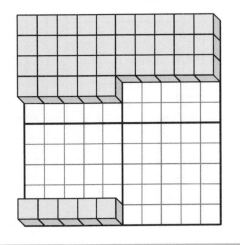

（4）
2つをたしたら  個

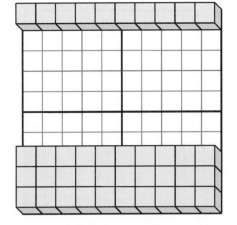

●保護者の方へ：ブロックの移動で答えをイメージできるようにするトレーニングです。

# 53

**数量感覚Ⅰ** すうりょうかんかく

# 量感計算
りょうかんけいさん

**Q** 次の答えを暗算で求めましょう。
なお，すべて頭の中で考えましょう。（計算もできるだけ暗算でしましょう。）答えをまちがえた場合やわからない場合のみ，図やメモをかいて考えましょう。

（1）
2つをたしたら □ 個

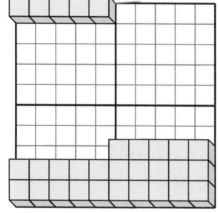

（2）
2つをたしたら □ 個

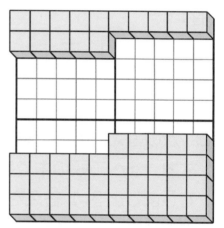

（3）
2つをたしたら □ 個

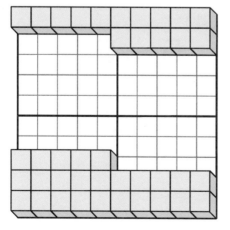

（4）
2つをたしたら □ 個

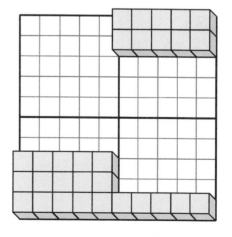

●保護者の方へ：ブロックの移動で答えをイメージできるようにするトレーニングです。

# 54 数量感覚Ⅱ 量感計算

すうりょうかんかく　りょうかんけいさん

**Q A** 次の答えを暗算で求めましょう。

なお，すべて頭の中で考えましょう。（計算もできるだけ暗算でしましょう。）答えをまちがえた場合やわからない場合のみ，図やメモをかいて考えましょう。

(1)
$$1 + 4 = \boxed{\phantom{00}}$$

(2)
$$3 + 2 = \boxed{\phantom{00}}$$

(3)
$$4 + 1 = \boxed{\phantom{00}}$$

(4)
$$2 + 3 = \boxed{\phantom{00}}$$

**Q B** 次の答えを暗算で求めましょう。

なお，すべて頭の中で考えましょう。（計算もできるだけ暗算でしましょう。）答えをまちがえた場合やわからない場合のみ，図やメモをかいて考えましょう。

(1)
$$3 + 7 = \boxed{\phantom{00}}$$

(2)
$$4 + 6 = \boxed{\phantom{00}}$$

(3)
$$9 + 1 = \boxed{\phantom{00}}$$

(4)
$$5 + 5 = \boxed{\phantom{00}}$$

(5)
$$2 + 8 = \boxed{\phantom{00}}$$

(6)
$$6 + 4 = \boxed{\phantom{00}}$$

●保護者の方へ：量をイメージしてたし算をするトレーニングです。

〔　　月　　日〕

# 55 数量感覚Ⅱ 量感計算
すうりょうかんかく　りょうかんけいさん

じっくりとりくみ
ましょう

分　　秒

**Q A** 次の答えを暗算で求めましょう。
つぎ　こた　　あんざん　もと

　なお，すべて頭の中で考えましょう。(計算もできるだけ暗算
あたま　なか　かんが　　　　　　　　　　けいさん
でしましょう。)答えをまちがえた場合やわからない場合のみ，
こた　　　　　　　ば あい　　　　　　　ば あい
図やメモをかいて考えましょう。
ず

(1)
$$1 + 3 = \boxed{\phantom{00}}$$

(2)
$$2 + 2 = \boxed{\phantom{00}}$$

(3)
$$3 + 1 = \boxed{\phantom{00}}$$

(4)
$$4 + 1 = \boxed{\phantom{00}}$$

(5)
$$2 + 3 = \boxed{\phantom{00}}$$

**Q B** 次の答えを暗算で求めましょう。
つぎ　こた　　あんざん　もと

　なお，すべて頭の中で考えましょう。(計算もできるだけ暗算
あたま　なか　かんが　　　　　　　　　　けいさん
でしましょう。)答えをまちがえた場合やわからない場合のみ，
こた　　　　　　　ば あい　　　　　　　ば あい
図やメモをかいて考えましょう。
ず

(1)
$$4 + 5 = \boxed{\phantom{00}}$$

(2)
$$5 + 5 = \boxed{\phantom{00}}$$

(3)
$$7 + 1 = \boxed{\phantom{00}}$$

(4)
$$3 + 7 = \boxed{\phantom{00}}$$

(5)
$$4 + 4 = \boxed{\phantom{00}}$$

(6)
$$3 + 5 = \boxed{\phantom{00}}$$

●保護者の方へ：量をイメージしてたし算をするトレーニングです。

〔　月　日〕

# 56

### 数量感覚Ⅱ（すうりょうかんかく）　量感計算（りょうかんけいさん）

**Q A** 次の答えを暗算で求めましょう。

なお，すべて頭の中で考えましょう。（計算もできるだけ暗算でしましょう。）答えをまちがえた場合やわからない場合のみ，図やメモをかいて考えましょう。

(1)　$3 + 7 = $ 

(2)　$4 + 3 = $ 

(3)　$9 + 1 = $ 

(4)　$2 + 4 = $ 

(5)　$2 + 2 = $ 

**Q B** 次の答えを暗算で求めましょう。

なお，すべて頭の中で考えましょう。（計算もできるだけ暗算でしましょう。）答えをまちがえた場合やわからない場合のみ，図やメモをかいて考えましょう。

(1)　$4 + 4 = $ 

(2)　$2 + 7 = $ 

(3)　$2 + 6 = $ 

(4)　$5 + 5 = $ 

(5)　$1 + 9 = $ 

(6)　$4 + 1 = $ 

●保護者の方へ：量をイメージしてたし算をするトレーニングです。

〔　　月　　日〕

# 57

数量感覚Ⅱ（すうりょうかんかく）　量感計算（りょうかんけいさん）

じっくりとりくみ
ましょう

分　　　秒

**Q A** 次（つぎ）の答（こた）えを暗算（あんざん）で求（もと）めましょう。

なお，すべて頭（あたま）の中（なか）で考（かんが）えましょう。（計算（けいさん）もできるだけ暗算
でしましょう。）答（こた）えをまちがえた場合（ばあい）やわからない場合（ばあい）のみ，
図（ず）やメモをかいて考えましょう。

(1)
$$4 + 7 = $$

(2)
$$12 + 3 = $$

(3)
$$14 + 1 = $$

(4)
$$8 + 3 = $$

(5)
$$4 + 9 = $$

**Q B** 次（つぎ）の答（こた）えを暗算（あんざん）で求（もと）めましょう。

なお，すべて頭（あたま）の中（なか）で考（かんが）えましょう。（計算（けいさん）もできるだけ暗算
でしましょう。）答（こた）えをまちがえた場合（ばあい）やわからない場合（ばあい）のみ，
図（ず）やメモをかいて考えましょう。

(1)
$$7 + 8 = $$

(2)
$$11 + 5 = $$

(3)
$$12 + 4 = $$

(4)
$$7 + 7 = $$

(5)
$$8 + 9 = $$

(6)
$$13 + 6 = $$

●保護者の方へ：量をイメージしてたし算をするトレーニングです。

〔 　月　　日〕

# 58

**数量感覚Ⅲ**　**量感計算**

じっくりとりくみ
ましょう

分　　秒

**QA** 次の答えを暗算で求めましょう。

なお，すべて頭の中で考えましょう。（計算もできるだけ暗算でしましょう。）答えをまちがえた場合やわからない場合のみ，図やメモをかいて考えましょう。

(1)
$$5 - 4 = \boxed{\phantom{00}}$$

(2)
$$3 - 2 = \boxed{\phantom{00}}$$

(3)
$$4 - 1 = \boxed{\phantom{00}}$$

(4)
$$5 - 1 = \boxed{\phantom{00}}$$

**QB** 次の答えを暗算で求めましょう。

なお，すべて頭の中で考えましょう。（計算もできるだけ暗算でしましょう。）答えをまちがえた場合やわからない場合のみ，図やメモをかいて考えましょう。

(1)
$$10 - 5 = \boxed{\phantom{00}}$$

(2)
$$10 - 7 = \boxed{\phantom{00}}$$

(3)
$$9 - 4 = \boxed{\phantom{00}}$$

(4)
$$8 - 3 = \boxed{\phantom{00}}$$

(5)
$$7 - 2 = \boxed{\phantom{00}}$$

(6)
$$6 - 5 = \boxed{\phantom{00}}$$

●保護者の方へ：量をイメージしてひき算をするトレーニングです。

〔　月　日〕

# 59 数量感覚Ⅲ　量感計算
すうりょうかんかく　　りょうかんけいさん

じっくりとりくみ
ましょう

分　　秒

**Q A**　次の答えを暗算で求めましょう。
つぎ　こた　　あんざん　もと

なお，すべて頭の中で考えましょう。（計算もできるだけ暗算
あたま　なか　かんが　　　　　　　　　　　けいさん

でしましょう。）答えをまちがえた場合やわからない場合のみ，
こた　　　　　　ば あい　　　　　　　ば あい

図やメモをかいて考えましょう。
ず

（1）
$$13 - 2 = \boxed{\phantom{00}}$$

（2）
$$14 - 3 = \boxed{\phantom{00}}$$

（3）
$$18 - 5 = \boxed{\phantom{00}}$$

（4）
$$16 - 4 = \boxed{\phantom{00}}$$

（5）
$$15 - 5 = \boxed{\phantom{00}}$$

**Q B**　次の答えを暗算で求めましょう。
つぎ　こた　　あんざん　もと

なお，すべて頭の中で考えましょう。（計算もできるだけ暗算
あたま　なか　かんが　　　　　　　　　　　けいさん

でしましょう。）答えをまちがえた場合やわからない場合のみ，
こた　　　　　　ば あい　　　　　　　ば あい

図やメモをかいて考えましょう。
ず

（1）
$$20 - 5 = \boxed{\phantom{00}}$$

（2）
$$20 - 13 = \boxed{\phantom{00}}$$

（3）
$$20 - 16 = \boxed{\phantom{00}}$$

（4）
$$20 - 6 = \boxed{\phantom{00}}$$

（5）
$$20 - 19 = \boxed{\phantom{00}}$$

（6）
$$20 - 14 = \boxed{\phantom{00}}$$

●保護者の方へ：量をイメージしてひき算をするトレーニングです。

〔　　月　　日〕

# 60

数量感覚Ⅲ　**量感計算**

じっくりとりくみ
ましょう

分　　　秒

**Q A**　次の答えを暗算で求めましょう。

　なお，すべて頭の中で考えましょう。（計算もできるだけ暗算でしましょう。）答えをまちがえた場合やわからない場合のみ，図やメモをかいて考えましょう。

(1)
$$20 - 15 = \boxed{\phantom{00}}$$

(2)
$$18 - 5 = \boxed{\phantom{00}}$$

(3)
$$13 - 3 = \boxed{\phantom{00}}$$

(4)
$$15 - 1 = \boxed{\phantom{00}}$$

(5)
$$15 - 5 = \boxed{\phantom{00}}$$

**Q B**　次の答えを暗算で求めましょう。

　なお，すべて頭の中で考えましょう。（計算もできるだけ暗算でしましょう。）答えをまちがえた場合やわからない場合のみ，図やメモをかいて考えましょう。

(1)
$$13 - 9 = \boxed{\phantom{00}}$$

(2)
$$14 - 7 = \boxed{\phantom{00}}$$

(3)
$$15 - 6 = \boxed{\phantom{00}}$$

(4)
$$11 - 9 = \boxed{\phantom{00}}$$

(5)
$$13 - 6 = \boxed{\phantom{00}}$$

(6)
$$16 - 8 = \boxed{\phantom{00}}$$

●保護者の方へ：量をイメージしてひき算をするトレーニングです。

〔　　月　　日〕

# 61

**数量感覚Ⅲ** **量感計算**

じっくりとりくみ
ましょう

分　　秒

## QA 次の答えを暗算で求めましょう。

なお，すべて頭の中で考えましょう。（計算もできるだけ暗算でしましょう。）答えをまちがえた場合やわからない場合のみ，図やメモをかいて考えましょう。

(1) $20 - 9 =$ □

(2) $15 - 11 =$ □

(3) $19 - 16 =$ □

(4) $13 - 4 =$ □

(5) $20 - 18 =$ □

## QB 次の答えを暗算で求めましょう。

なお，すべて頭の中で考えましょう。（計算もできるだけ暗算でしましょう。）答えをまちがえた場合やわからない場合のみ，図やメモをかいて考えましょう。

(1) $15 - □ = 12$

(2) $16 - □ = 7$

(3) $14 - □ = 6$

(4) $20 - □ = 16$

(5) $11 - □ = 9$

(6) $14 - □ = 1$

●保護者の方へ：量をイメージしてひき算をするトレーニングです。

〔　　月　　日〕

# 62 分数感覚Ⅰ

じっくりとりくみ
ましょう

分　　秒

**QA** あてはまる部分に斜線をひきましょう。

（1）　5つに分けたうちの

3つ分（$\frac{3}{5}$ といいます）

（2）　10こに分けたうちの

6つ分（$\frac{6}{10}$ といいます）

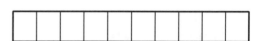

（3）　5つに分けたうちの

3つ分（$\frac{3}{5}$ といいます）

（4）　5つに分けたうちの

2つ分（$\frac{2}{5}$ といいます）

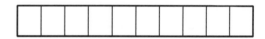

**QB** あてはまる部分に斜線をひきましょう。

（1）　2つに分けたうちの

1つ分（$\frac{1}{2}$ といいます）

（2）　8つに分けたうちの

5つ分（$\frac{5}{8}$ といいます）

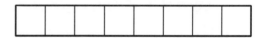

（3）　4つに分けたうちの

1つ分（$\frac{1}{4}$ といいます）

（4）　4つに分けたうちの

2つ分（$\frac{2}{4}$ といいます）

●保護者の方へ：分数をイメージでつかむトレーニングです。

〔　　月　　日〕

# 63 分数感覚 Ⅰ

分　　秒

## QA　あてはまる部分に斜線をひきましょう。

（1）　5つに分けたうちの

4つ分（$\frac{4}{5}$ といいます）

（2）　10こに分けたうちの

8つ分（$\frac{8}{10}$ といいます）

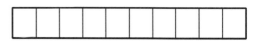

（3）　5つに分けたうちの

4つ分（$\frac{4}{5}$ といいます）

（4）　2つに分けたうちの

1つ分（$\frac{1}{2}$ といいます）

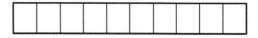

## QB　あてはまる部分に斜線をひきましょう。

（1）　8つに分けたうちの

7つ分（$\frac{7}{8}$ といいます）

（2）　8つに分けたうちの

3つ分（$\frac{3}{8}$ といいます）

（3）　4つに分けたうちの

3つ分（$\frac{3}{4}$ といいます）

（4）　2つに分けたうちの

1つ分（$\frac{1}{2}$ といいます）

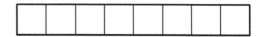

●保護者の方へ：分数をイメージでつかむトレーニングです。

〔　月　日〕

# 64 分数感覚Ⅰ

ぶんすうかんかく

じっくりとりくみ
ましょう

分　　秒

**Q A　あてはまる部分に斜線をひきましょう。**

（1）　8つに分けたうちの

　　　4つ分（$\frac{4}{8}$ といいます）

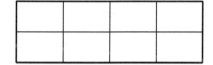

（2）　4つに分けたうちの

　　　2つ分（$\frac{2}{4}$ といいます）

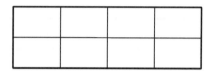

（3）　4つに分けたうちの

　　　3つ分（$\frac{3}{4}$ といいます）

（4）　2つに分けたうちの

　　　1つ分（$\frac{1}{2}$ といいます）

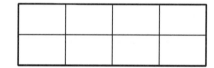

**Q B　あてはまる部分に斜線をひきましょう。**

（1）　2つに分けたうちの

　　　1つ分（$\frac{1}{2}$ といいます）

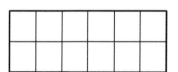

（2）　6つに分けたうちの

　　　4つ分（$\frac{4}{6}$ といいます）

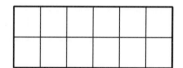

（3）　3つに分けたうちの

　　　2つ分（$\frac{2}{3}$ といいます）

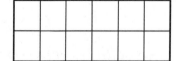

（4）　6つに分けたうちの

　　　5つ分（$\frac{5}{6}$ といいます）

●保護者の方へ：分数をイメージでつかむトレーニングです。

# 65 分数感覚Ⅰ

ぶんすうかんかく

**Q A あてはまる部分に斜線をひきましょう。**
ぶぶん　しゃせん

（1）　2つに分けたうちの
わ

1つ分（$\frac{1}{2}$ といいます）
ぶん

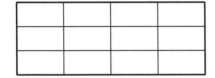

（2）　4つに分けたうちの

2つ分（$\frac{2}{4}$ といいます）

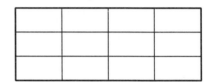

（3）　4つに分けたうちの

3つ分（$\frac{3}{4}$ といいます）

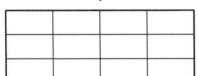

（4）　6つに分けたうちの

1つ分（$\frac{1}{6}$ といいます）

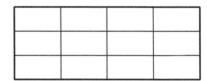

**Q B あてはまる部分に斜線をひきましょう。**

（1）　3つに分けたうちの

2つ分（$\frac{2}{3}$ といいます）

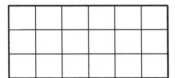

（2）　2つに分けたうちの

1つ分（$\frac{1}{2}$ といいます）

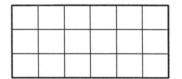

（3）　3つに分けたうちの

1つ分（$\frac{1}{3}$ といいます）

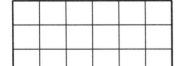

（4）　6つに分けたうちの

5つ分（$\frac{5}{6}$ といいます）

●保護者の方へ：分数をイメージでつかむトレーニングです。

〔　　月　　日〕

# 66 分数感覚 Ⅱ

じっくりとりくみ
ましょう

分　　秒

**Q A** あてはまる部分に斜線をひきましょう。

（1）　2つに分けたうちの
1つ分 (\frac{1}{2} といいます)

（2）　2つに分けたうちの
1つ分 (\frac{1}{2} といいます)

（3）　3つに分けたうちの
2つ分 (\frac{2}{3} といいます)

（4）　3つに分けたうちの
2つ分 (\frac{2}{3} といいます)

**Q B** あてはまる部分に斜線をひきましょう。

（1）　4つに分けたうちの
1つ分 (\frac{1}{4} といいます)

（2）　4つに分けたうちの
1つ分 (\frac{1}{4} といいます)

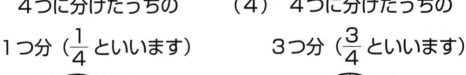

（3）　4つに分けたうちの
1つ分 (\frac{1}{4} といいます)

（4）　4つに分けたうちの
3つ分 (\frac{3}{4} といいます)

●保護者の方へ：分数をイメージでつかむトレーニングです。

# 67 分数感覚 II
ぶんすうかんかく

| じっくりとりくみ ましょう |
| --- |
| 分　　秒 |

## QA あてはまる部分に斜線をひきましょう。

（1）　6つに分けたうちの

4つ分（$\frac{4}{6}$ といいます）

（2）　3つに分けたうちの

2つ分（$\frac{2}{3}$ といいます）

（3）　12こに分けたうちの

8つ分（$\frac{8}{12}$ といいます）

（4）　3つに分けたうちの

2つ分（$\frac{2}{3}$ といいます）

## QB あてはまる部分に斜線をひきましょう。

（1）　5つに分けたうちの

1つ分（$\frac{1}{5}$ といいます）

（2）　10こに分けたうちの

2つ分（$\frac{2}{10}$ といいます）

（3）　5つに分けたうちの

1つ分（$\frac{1}{5}$ といいます）

（4）　5つに分けたうちの

2つ分（$\frac{2}{5}$ といいます）

●保護者の方へ：分数をイメージでつかむトレーニングです。

# 数量感覚 初級　パズル道場検定

**1** どちらのブロックの方が，どれだけ多いですか。A・Bに○
をつけ，数を答えましょう。
ブロックを頭の中でイメージしながら，移動させたり分解し
たり（はなしたり）して考えましょう。

（1）
A・Bの方が　□　個多い

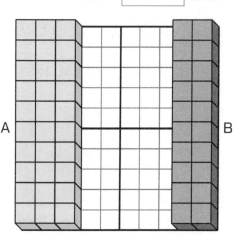

（2）
A・Bの方が　□　個多い

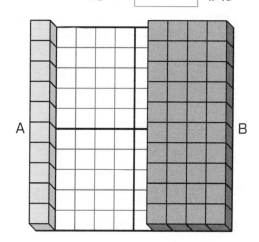

（3）
A・Bの方が　□　個多い

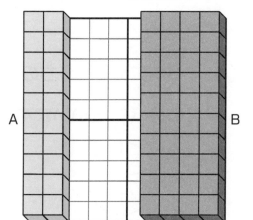

（4）
A・Bの方が　□　個多い

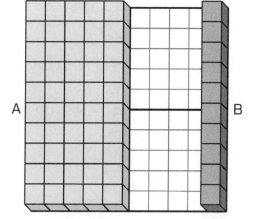

2 どちらのブロックの方が，どれだけ多いですか。A・Bに○をつけ，数を答えましょう。
ブロックを頭の中でイメージしながら，移動させたり分解したり（はなしたり）して考えましょう。

(1)
A・Bの方が　　　　個多い

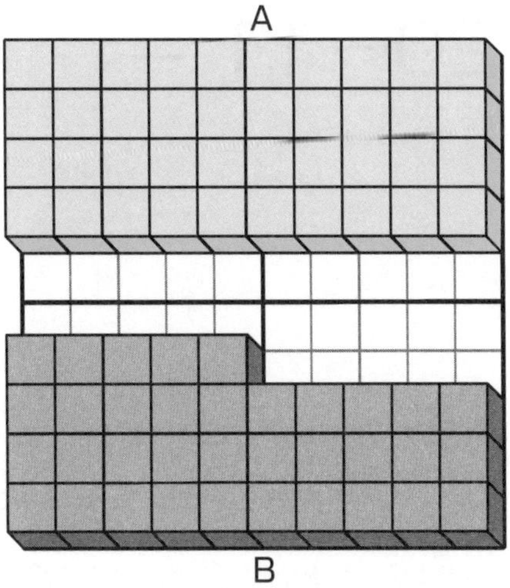

A

B

(2)
A・Bの方が　　　　個多い

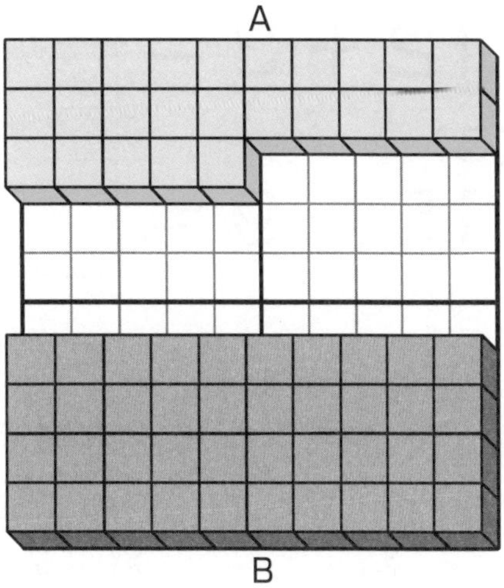

A

B

(3)
A・Bの方が　　　　個多い

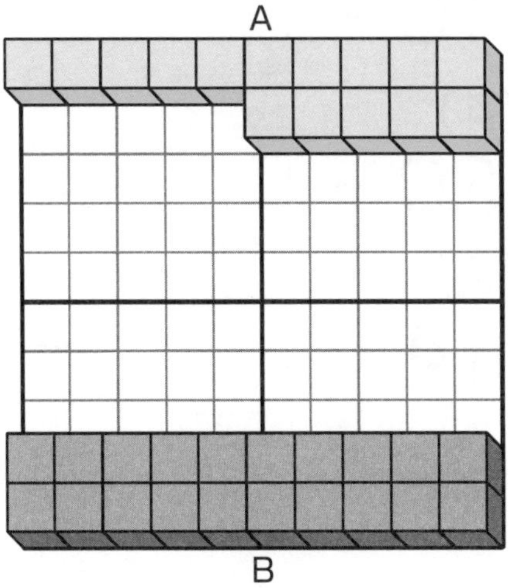

A

B

(4)
A・Bの方が　　　　個多い

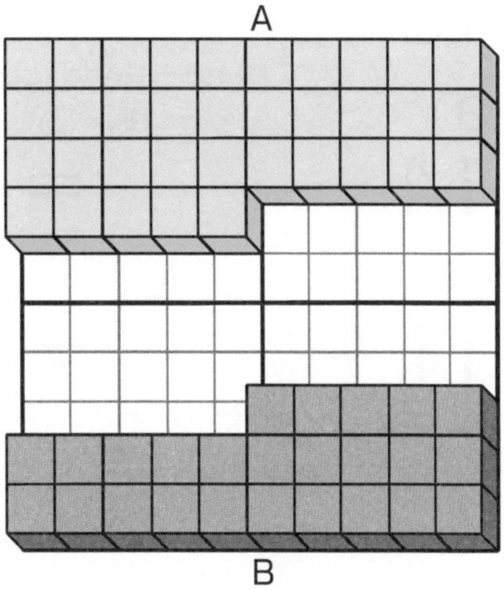

A

B

**3** 次の答えを暗算で求めましょう。

なお，すべて頭の中で考えましょう。（計算もできるだけ暗算でしましょう。）答えをまちがえた場合やわからない場合のみ，図やメモをかいて考えましょう。

(1)
$$10 - 5 = \boxed{\phantom{00}}$$

(2)
$$5 + 6 = \boxed{\phantom{00}}$$

(3)
$$12 + 3 = \boxed{\phantom{00}}$$

(4)
$$20 - 11 = \boxed{\phantom{00}}$$

(5)
$$15 - 9 = \boxed{\phantom{00}}$$

**4** 次の答えを暗算で求めましょう。

なお，すべて頭の中で考えましょう。（計算もできるだけ暗算でしましょう。）答えをまちがえた場合やわからない場合のみ，図やメモをかいて考えましょう。

(1)
$$15 - \boxed{\phantom{00}} = 11$$

(2)
$$16 - \boxed{\phantom{00}} = 7$$

(3)
$$14 - \boxed{\phantom{00}} = 6$$

(4)
$$20 - \boxed{\phantom{00}} = 17$$

(5)
$$11 - \boxed{\phantom{00}} = 2$$

(6)
$$14 - \boxed{\phantom{00}} = 7$$

解　答　編

**2** （1）1　　（2）2　　（3）3　　（4）4　　（5）5

**3** （1）3　　（2）1　　（3）5　　（4）4　　（5）2

**7** （1）1　　（2）2　　（3）3　　（4）4

**8** （1）5　　（2）6　　（3）7　　（4）8

**9** （1）9　　（2）10　　（3）50　　（4）100

**10** （1）1　　（2）8　　（3）2　　（4）6

**11** （1）4　　（2）3　　（3）9　　（4）5

**12** （1）7　　（2）10　　（3）100　　（4）50

**13** （1）5個　　（2）5個　　（3）5個　　（4）5個

**14** （1）5個　　（2）5個　　（3）5個　　（4）5個

**15** （1）10個　　（2）10個　　（3）10個　　（4）10個

**16** （1）10個　　（2）10個　　（3）10個　　（4）10個

**17** （1）10個　　（2）7個　　（3）9個　　（4）4個

**18** （1）8個　　（2）7個　　（3）8個　　（4）10個

**19** （1）3個　　（2）1個　　（3）4個　　（4）2個

**20** （1）2個　　（2）2個　　（3）1個　　（4）1個

**21** （1）5個　　（2）5個　　（3）2個　　（4）3個

**22** （1）5個　　（2）5個　　（3）5個　　（4）1個

**24** QA （1） 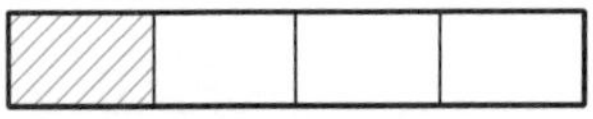　（2）

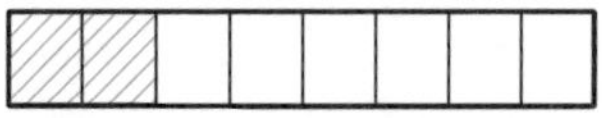

（3） 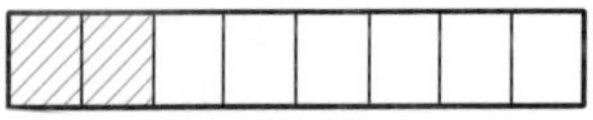　（4）

QB （1） 　（2）

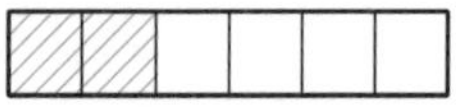

（3） 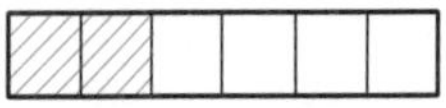　（4）

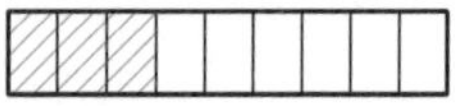

**25** QA （1） 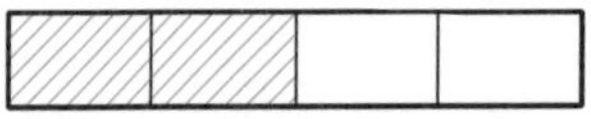　（2）

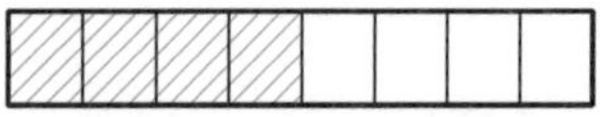

（3） 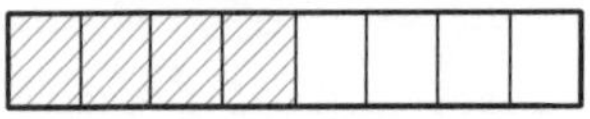　（4）

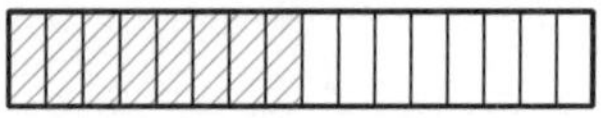

QB （1） 　（2）

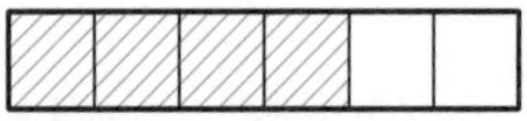

（3） 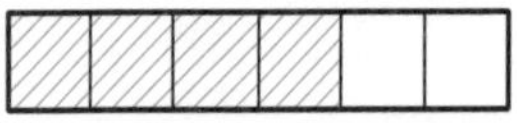　（4）

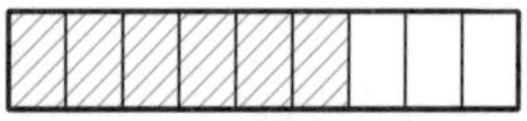

**26** QA （1） 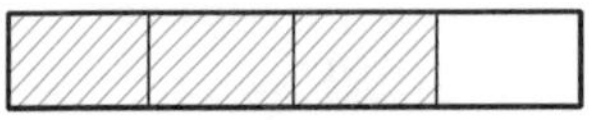　（2）

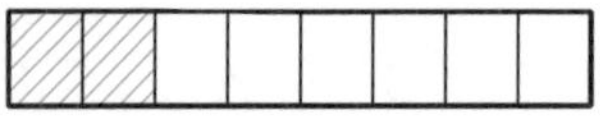

（3） 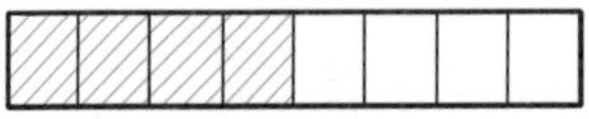　（4）

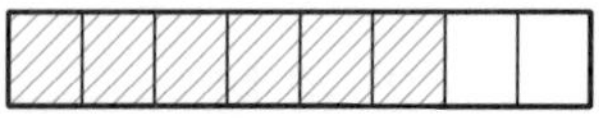

QB （1） 　（2）

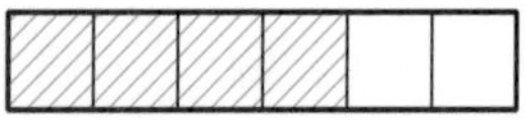

（3） 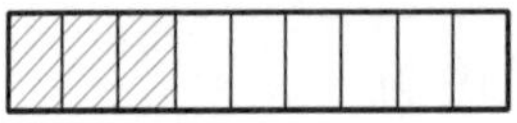　（4）

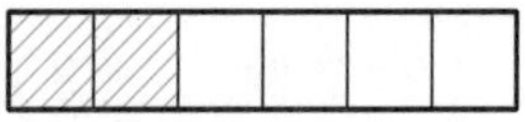

**28** **Q**A（1）  （2）  （3）  （4）

**Q**B（1）  （2）  （3）  （4）

**29** **Q**A（1）  （2）  （3）  （4）

**Q**B（1）  （2）  （3）  （4）

**30** **Q**A（1）  （2）  （3）  （4）

**Q**B（1）  （2）  （3）  （4）

**34** （1）10　　（2）20　　（3）30　　（4）40

**35** （1）50　　（2）60　　（3）70　　（4）80

**36** （1）90　　（2）100　　（3）90　　（4）70

**37** （1）50　　（2）30　　（3）10　　（4）40

**38** （1）20　　（2）90　　（3）70　　（4）60

**39** （1）100　　（2）80　　（3）30　　（4）70

**40** （1）5個　　（2）5個　　（3）10個　　（4）10個

**41** （1）10個　　（2）5個　　（3）5個　　（4）10個

**42** （1）20個　　（2）30個　　（3）40個　　（4）50個

**43** （1）20個　　（2）20個　　（3）30個　　（4）15個

**44** （1）12個　　（2）15個　　（3）11個　　（4）17個

**45** （1）15個　　（2）13個　　（3）14個　　（4）15個

**46** （1）40個　　（2）50個　　（3）40個　　（4）50個

**47** （1）29個　　（2）42個　　（3）48個　　（4）47個

**48** （1）Bの方が2個多い　　（2）Bの方が2個多い
　　（3）Aの方が5個多い　　（4）Aの方が4個多い

**49** （1）Aの方が1個多い　　（2）Bの方が1個多い
　　（3）Bの方が3個多い　　（4）Bの方が2個多い

**50** （1）20個　　（2）40個　　（3）50個　　（4）30個

**51** （1）40個　　（2）50個　　（3）20個　　（4）50個

**52** （1）30個　　（2）30個　　（3）40個　　（4）40個

**53** （1）30個　　（2）50個　　（3）40個　　（4）30個

**54** QA （1）5　　（2）5　　（3）5　　（4）5

QB （1）10　　（2）10　　（3）10　　（4）10　　（5）10　　（6）10

**55** QA （1）4　　（2）4　　（3）4　　（4）5　　（5）5

QB （1）9　　（2）10　　（3）8　　（4）10　　（5）8　　（6）8

**56** QA （1）10　　（2）7　　（3）10　　（4）6　　（5）4

QB （1）8　　（2）9　　（3）8　　（4）10　　（5）10　　（6）5

**57** QA （1）11　　（2）15　　（3）15　　（4）11　　（5）13

QB （1）15　　（2）16　　（3）16　　（4）14　　（5）17　　（6）19

**58** QA （1）1　　（2）1　　（3）3　　（4）4

QB （1）5　　（2）3　　（3）5　　（4）5　　（5）5　　（6）1

**59** QA （1）11　　（2）11　　（3）13　　（4）12　　（5）10

QB （1）15　　（2）7　　（3）4　　（4）14　　（5）1　　（6）6

**60** QA （1）5　　（2）13　　（3）10　　（4）14　　（5）10

QB （1）4　　（2）7　　（3）9　　（4）2　　（5）7　　（6）8

**61** QA （1）11　　（2）4　　（3）3　　（4）9　　（5）2

QB （1）3　　（2）9　　（3）8　　（4）4　　（5）2　　（6）13

**62** ⓆA （1）　（2）

（3）　（4）

ⒶB （1）　（2）

（3）　（4）

**63** ⓆA （1）　（2）

（3）　（4）

ⒶB （1）　（2）

（3）　（4）

**64** ⓆA （1）　（2）

（3）　（4）

ⒶB （1）　（2）

（3）　（4）

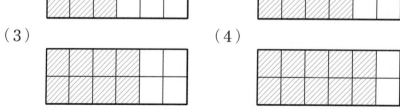

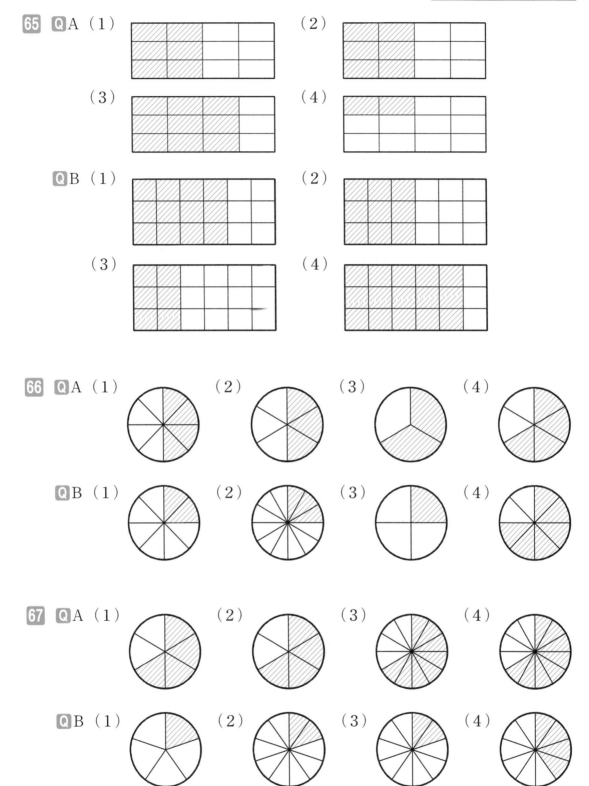

**パズル道場検定**

**1** （1）Aの方が 10 個多い　　（2）Bの方が 30 個多い
　　（3）Bの方が 20 個多い　　（4）Aの方が 40 個多い

**2** （1）Aの方が 5 個多い　　（2）Bの方が 15 個多い
　　（3）Bの方が 5 個多い　　（4）Aの方が 10 個多い

**3** （1）5　　（2）11　　（3）15　　（4）9　　（5）6

**4** （1）4　　（2）9　　（3）8　　（4）3　　（5）9　　（6）7

「パズル道場検定」が時間内でできたときは，次ページの天才脳ドリル数量感覚初級「認定証」を授与します。おめでとうございます。

# 認定証

## 数量感覚 初級

殿
_____

あなたはパズル道場検定において、数量感覚コースの初級に合格しました。ここにその努力をたたえ認定証を授与します。

年　月

パズル道場

山下善徳・橋本龍吾